EXTRAIT DES PROCÈS-VERBAUX

DE LA

SOCIÉTÉ NATIONALE DES ANTIQUAIRES DE FRANCE

Séance du 11 Avril 1877.

M. Courajod s'exprime ainsi au sujet des objets d'art tirés du château et des jardins de la Malmaison, et entrés récemment au Musée du Louvre :

« La vente du château de la Malmaison vient de faire rentrer dans les magasins de l'Etat un certain nombre d'objets d'art très-importants qui en étaient sortis il y a bientôt quatre-vingts ans et qui ont bien failli n'y jamais revenir, puisqu'ils ont été aliénés à trois reprises différentes, une première fois en 1826 à M. Haguerman, banquier suédois; une seconde fois à la reine d'Espagne Marie-Christine, en 1842; une troisième fois, en 1861, à l'empereur Napoléon III. La qualité du dernier propriétaire et le caractère public qu'affectaient ses acquisitions particulières elles-mêmes, ont fort heureusement permis cette tardive revendication. La Société, qui a témoigné récemment de l'intérêt qu'elle porte à l'accroissement des collections du Louvre, apprendra peut-être avec plaisir quelles furent les pièces du mobilier national qui décorèrent la Malmaison de 1800 à 1815, et quelles sont celles qui viennent d'être restituées au Musée. »

Le 6 germinal an IX (27 mars 1801), Chaptal, ministre de l'intérieur, donna à l'administrateur du Musée central [1] et

---

1. Une note autographe de Chaptal, écrite au bas de la lettre adressée à l'admi-

à l'administrateur du Musée des monuments français[1], l'ordre de faire porter à la Malmaison des statues et des vases. En vertu de cet ordre, les objets suivants sortirent du Louvre :

ETAT *des colonnes, statues, bustes, tables et vases remis aux citoyens Percier et Fontaine, pour la décoration du palais consulaire de la Malmaison, d'après les ordres du ministre de l'intérieur.*

STATUES ET BUSTES.

12 bustes en porphyre représentant les 12 empereurs. Ils sont décorés de draperies en bronze doré.

1 buste en porphyre représentant Alexandre, la draperie en bronze doré.

nistrateur du musée, est ainsi conçue : « Vous donnerez des ordres pour que les statues qu'on a désignées au château de Ménars soient portées à la Malmaison. — CH. »

Il s'agissait d'*Atlas* et *Phaétuse*, sculptures de Théodon, que le marquis de Marigny avait fait transporter à Ménars et qui furent alors revendiquées par l'État. L'ordre ministériel fut ainsi modifié quelques jours après :

« Paris, le 19 germinal, an 9 de la République.

« Le ministre de l'intérieur à l'administration du musée central.

« Parmi les statues que vous proposez pour être placées momentanément à La Malmaison, je vous préviens, citoyens, que j'ai choisi le groupe d'Hippomène et Atalante et celui de l'Amour et Psyché. Vous pouvez y joindre l'Apollon et la *Diane en bronze* qui sont dans le jardin de l'Infante.

« Quant aux deux groupes des Tuileries, il ne faudra en disposer que lorsqu'ils auront été remplacés par les statues de Ménars que vous attendez. S'il se trouvait dans votre dépôt un plus grand nombre de vases, je vous invite à les joindre aux deux en marbre indiqués dans votre note. Au reste, vous pourrez vous concerter avec les citoyens Percier et Fontaine, architectes du Premier Consul. Ils sont sans doute chargés de faire transporter ces divers objets à La Malmaison. — Je vous salue. CHAPTAL. »

P. S. — Si l'administration peut disposer d'un plus grand nombre de bronzes, je l'autorise à les placer à La Malmaison.

1.   « Paris, le 6 germinal an IX de la République.

« Le ministre de l'intérieur à l'administration du musée des monuments français.

« Je vous invite, citoyens, à vouloir bien me faire savoir s'il n'y aurait pas dans le dépôt de votre établissement des statues ou grands vases pour être momentanément placés à la Malmaison. Je n'ai pas besoin de vous faire observer qu'il ne s'agit ici que d'objets propres à la décoration et nullement de ceux qui serviraient au complément de la collection des monuments de l'École française. — Je vous salue. CHAPTAL. »

1 buste en porphyre représentant Minerve, la draperie en bronze non doré. Elle est montée sur un cippe en stuc vert garni de bronzes dorés.

BRONZES D'APRÈS L'ANTIQUE ET L'ÉCOLE FLORENTINE.

Ariane abandonnée.

La Diane chasseresse.

L'Hercule Farnèse.

Deux groupes, sous deux aspects différents, de l'enlèvement d'Orithie.

Deux groupes, sous deux aspects différents, de l'enlèvement de Déjanire.

Le Laocoon, bronze réparé, surmonté (*sic*) sur socle de bronze doré.

Une Vénus sortant du bain, sur socle de griotte d'Italie.

Marc-Aurèle à cheval, d'après l'antique.

L'Hermaphrodite, d'après celui antique de Borghèse.

Hercule portant sa massue.

Deux chevaux en bronze, sur socle de bois.

Une tête en bronze d'Antinoüs, garde-meuble n° 213.

Une tête en bronze, garde-meuble n° 294.

Une tête en bronze, garde-meuble n° 291.

Une tête en bronze, garde-meuble n° 287.

Une tête de philosophe avec barbe, sur socle de marbre vert de mer brisé.

Une tête de Bacchus indien, sur socle de marbre vert de mer.

STATUES.

L'Apollon, bronze de la grandeur de l'original.

La Diane, bronze de la grandeur de l'original.

La statue de Zénon, marbre, copie de l'antique.

Le petit Apolline, marbre, copie de l'antique.

Le faune flûteur, marbre, copie de l'antique.

Une statue en marbre, représentant un chasseur, copie de l'antique.

Une statue représentant Mars, production de l'école florentine. Elle avait été extraite de Versailles.

Voici les objets qui furent envoyés à la Malmaison par le conservateur du Musée des Monuments français sur l'invitation du ministre de l'intérieur :

« Le 6 germinal an IX, le ministre autorise la remise des objets ci-après pour la décoration du château de la Malmaison, savoir :

1° Une statue en marbre, représentant Vénus, venant de Sceaux];

2° Une statue en marbre, représentant Méléagre, venant du même lieu ;

3° Autre statue en marbre, représentant Diane, venant du palais des Cinq-Cents et originairement de Marly ;

4° Autre statue en marbre, représentant Flore, venant du même lieu ;

5° Autre statue en marbre, représentant Cérès, venant du même lieu ;

6° Autre statue en marbre, représentant Pomone, du même lieu ;

7° Autre statue en marbre, venant du même lieu ;

8° Autre statue en marbre, représentant une nymphe, du même lieu ;

9° Autre statue en marbre, représentant un Bacchus, d'après Michel-Ange, venant du même lieu ;

10° Autre statue en marbre, représentant un Berger, venant du même lieu ;

11° Deux grands vases en marbre blanc, venant de Sceaux ;

12° Quatre bustes d'après l'antique, avec des fûts de colonne en marbre noir, faits au Musée ;

13° Quatre autres bustes, aussi en marbre blanc, venant de Sceaux ; plus, un gros fût de colonne en marbre noir ;

14° Deux colonnes de 12 pieds en brèche violette, pour la décoration de la serre, provenant de Magny ;

15° Deux têtes de philosophes, en bronze, provenant de Saint-Germain-des-Prés ; plus, deux fûts de colonne en marbre noir ;

16° Un buste en marbre blanc, copie de l'antique, venant de la salle des Antiques ;

17° Autre buste en marbre blanc, posé sur un socle rond de marbre noir, venant de la salle des Antiques ;

18° Un bas-relief en marbre blanc, représentant la Mélancolie, par Girardon, venant de Saint-André-des-Arcs ;

19° Un bas-relief du premier style grec, encadré en marbre, venant de la salle des Antiques, au Louvre ;

20° Une statue de grandeur naturelle, en terre cuite, représentant un capucin, par Germain Pilon, provenant des Grands-Augustins ;

21° Six têtes colossales en marbre blanc représentant des empereurs romains, provenant de la salle des Antiques ;

22° Un groupe en albâtre représentant sainte Anne montrant à lire à la Sainte-Vierge, venant d'Écouen ;

23° Une statue colossale en marbre, représentant Neptune, par Pujet, achetée à M. Donjeux ;

24° Une statue colossale en marbre, représentant une nymphe, achetée au même ;

25° Une statue colossale en marbre, représentant une Diane, attribuée à Goujon ; achetée à M. Donjeux ;

26° L'Amour prêt à lancer un trait, en marbre blanc, par Tassaërt, posé sur un piédestal circulaire en marbre blanc orné de guirlandes de fleurs ; le tout provenant de la commune de Sceaux, où il avait été déposé ;

27° Deux colonnes de marbre blanc, pour la chapelle ;

28° Deux colonnes en marbre grand antique, provenant des Feuillants et restaurées au Musée ;

29° Deux autres colonnes en granit gris, venant de Sainte-Geneviève ;

30° Huit colonnes de marbre rance, qui soutiennent le temple qui orne le parc, provenant de plusieurs églises de Paris ; plus, le pavé en marbre dudit temple [1]. »

Mais Alexandre Lenoir ne borna pas à cet apport la part qu'il prit à la décoration du château de la Malmaison. Il nous a fait connaître, dans un curieux article du *Dictionnaire de la Conversation*, les autres monuments dont il embellit le séjour favori de l'impératrice Joséphine, en même temps qu'il fournit de nouveaux renseignements sur les pièces que nous avons déjà énumérées :

« Madame Bonaparte, qui aimait et savait la botanique, fit construire dans le parc une serre vaste et magnifique, dont M. Thibaut, membre de l'Institut, fut l'architecte. Outre la partie où se trouvaient les plantes exotiques les plus rares, au centre était un salon vaste décoré à l'antique, d'un excellent goût, ayant une ouverture ornée de deux belles colonnes de marbre, brèche violette de 12 pieds avec chapiteau et bases dorés, que j'avais procurées à cette noble dame, qui me nomma le conservateur honoraire de ses antiquités. Son amitié pour moi m'était précieuse et datait de plusieurs années. Pendant le séjour de son mari en Italie, elle reçut du roi de Naples une collection choisie de vases grecs peints et une suite de bronzes antiques provenant des découvertes faites à Herculanum et à Pompéïa. Au nombre de ces antiques remarquables sont dix tableaux grecs peints sur un enduit de ciment recouvert

---

1. Cette énumération des objets portés à la Malmaison forme l'article 1662 du *Journal de Lenoir*.

de stuc, représentant les 9 muses et Apollon Musagete. Ces antiques précieuses, publiées dans le voyage de Naples de l'abbé de Saint-Non, sont aujourd'hui au musée du Louvre. Devant les serres, on trouvait une fontaine construite avec une colonne de granit antique de quatorze pieds de haut que je transportai de Metz [1] ; elle supportait un vase antique en porphyre de grande dimension. Le parc fut planté et distribué de nouveau sur les plans de M. Bertault, architecte en vogue pour ce genre de travaux. Il imagina des percés nouveaux et ingénieux qui rendirent la vue du château plus agréable ; mais, le nivellement des eaux ayant été mal calculé, elles coulaient péniblement. C'est sur cette rivière qui serpentait dans le parc et arrivait près du château, que l'on voyait se promener deux cignes noirs. Sur un rocher d'où l'eau paraissait sortir, je fis construire un temple dans le goût antique, dont le porche était orné de huit colonnes ioniques de marbre rouge de huit pieds de haut, l'une et l'autre provenant du musée des Petits-Augustins. Je procurai aussi un Saint François en habit de capucin, par Germain Pilon [2], pour être placé dans une grotte, ainsi qu'un bas-relief funéraire, sculpté en marbre par Girardon [3], afin qu'il y eût dans

1. J'ai retrouvé, dans la correspondance de Lenoir, un passage qui a trait à cette pièce :

« Paris, le 2 juillet 1807.

« Alexandre Lenoir au ministre de l'intérieur.

« ..... Sa Majesté l'impératrice, que j'ai eu l'honneur de voir ce matin, m'a prévenu que M. de Vaublanc, préfet de la Moselle, se faisait un plaisir de lui offrir les cinq colonnes de granit antique qui sont abandonnées et éparses dans la ville de Metz ; c'est-à-dire deux sur la place de l'Archevêché et trois et une moitié sur la berge du rempart, près la porte Saint-Thibault. Sa Majesté me charge de les faire transporter avec le monument dont j'ai l'honneur de vous entretenir, etc. (Il s'agit de l'autel sculpté des Grands-Carmes).

« LENOIR. »

2. Si cette statue était véritablement en terre cuite, comme le dit l'état publié ci-dessus, nous n'avons pas à en déplorer la perte, et elle se trouve aujourd'hui dans l'église Saint-François. Mais il exista à la fois un marbre et une terre cuite de cette sculpture. On lit en effet dans la *Notice historique des Monuments des arts réunis au dépôt national des Petits-Augustins*, l'an IVᵐᵉ de la République : « Nº 292. — *Grands-Augustins*. — Saint François dans l'attitude de recevoir les stygmates, terre cuite de grandeur naturelle, par Germain Pilon. On voit ce modèle exécuté en marbre dans la salle des Antiques au Louvre. » Qu'est devenu le marbre ?

3. Ce bas-relief provenait du tombeau de Anne-Marie Martinozzi, princesse de Conti, élevé dans l'église Saint-André-des-Ares. Il consiste, dit le *Dictionnaire* de Hurtault et Magny, « en une belle figure de marbre blanc à demi-bosse et accompagnée des attributs qui désignent la Foi, l'Espérance et la Charité... Les ornements

le parc un tombeau suivant l'ordonnance d'un jardin anglais. Ce n'est pas tout, une grande pièce d'eau dessinée en forme de miroir était au sommet d'une colline à la gauche du parc. Je l'ornai de deux colonnes rostrales de 14 pieds, sculptées, en marbre sérancolin, provenant du château de Richelieu en Poitou [1]; au centre je plaçai

de ce tombeau sont aussi de marbre blanc, à la réserve d'une urne qui en fait l'amortissement, et de quelques festons de bronze doré; le tout du dessin et ciseau du fameux Girardon. » Le bas-relief portait au musée des Monuments français le n° 193, jusque dans l'édition du catalogue de 1806 : on l'appelait le « Monument de la Mélancolie. » Il fut alors demandé par Joséphine comme il résulte de ce billet :

« Le chambellan de service près S. M. l'impératrice, a l'honneur de prévenir Monsieur Lenoir que S. M. désire qu'il apporte lundy, à la Malmaison, le petit monument de la Mélancolie.

« A Malmaison, ce 2 avril 1807. »

Qu'est devenu ce marbre? Il est peut-être resté dans une des petites propriétés qui furent taillées dans le parc de Malmaison.

1. Voici un extrait de la lettre de Lenoir dans laquelle il sollicita l'acquisition de ce monument :

« Paris, le 31 décembre 1806.

« Lenoir au ministre de l'intérieur.

« Monseigneur, conformément à vos intentions, je me suis rendu au château de Richelieu, situé dans le département d'Indre-et-Loire, pour l'examiner et vous rendre compte de son état actuel. J'ai en conséquence l'honneur de vous soumettre les détails ci-joints sur ce beau monument, ainsi que sur la manière d'utiliser avantageusement les objets d'art qui y sont maintenant à vendre. Excellence, parmi ces objets précieux, j'en ai remarqué plusieurs que je vous demande pour le musée que je dirige et dont voici la note : 1° deux obélisques en marbre de Givet d'une très-belle proportion, portant chacun 14 pieds de haut posés sur des boules de cuivre et sur des bases ou piédestaux massifs de même marbre ornés de leurs bases et de leurs corniches; 2° deux colonnes rostrales en marbre sérancolin, de la même proportion, d'un charmant style et d'un dessin gracieux, ornées chacune de six proues de vaisseaux prises dans la même masse et d'ancres enlacées de rubans parfaitement sculptées; 3° Quarante-deux mascarons servant de consoles, très-bien sculptées, propres à supporter des bustes.

« Monseigneur, les objets ci-dessus détaillés que j'ai l'honneur de vous demander pour le musée des Monuments français, n'excéderont pas, y compris le transport à Paris, la somme de dix-huit cent francs. Cette somm . pour le tout, est arrêtée avec les propositions si vous me l'accordez.

« Salut et respect.

« LENOIR. »

On sait tout ce que Richelieu a fait pour la marine française; il n'y a donc pas à s'étonner de rencontrer dans son château, sous forme de colonnes rostrales, une allusion figurée à ses fameuses ordonnances. Notre confrère M. Guillaume m'a fait remarquer que le même emblème se retrouvait dans le Palais-Cardinal et se montre encore aujourd'hui, au Palais-Royal, dans la galerie des Proues. Ces colonnes ros-

une statue colossale de Neptune, par Puget, achetée à la vente de l'amateur Donjeux [1]. Je fis venir de Metz la façade d'une chapelle gothique des Grands-Carmes, de 36 pieds de haut, sculptée à jour et d'une légèreté extraordinaire [2]; elle devait être placée sur le

trales décoraient la porte principale du château du côté de l'extérieur. On les voit gravées dans deux planches du *Magnifique château de Richelieu en général et en particulier*, etc., *gravé et réduit au petit pied* par Jean Marot, in-4° oblong. Les deux pyramides en marbre violet étaient placées sur la même porte du côté de la cour intérieure.

1. On lit dans le *Catalogue des objets précieux trouvés après le décès du citoyen Vincent Donjeux, ancien négociant de tableaux et curiosités*, par les citoyens Lebrun et Paillet, 29 avril 1793, p. 129 : « N° 490. Une grande figure de Neptune en marbre blanc, de l'école de Girardon, de forte proportion. Elle sera vendue à la campagne. » Cette figure, en effet, décorait le parc de la belle maison de campagne possédée par Donjeux au Grand-Gentilly. Le fils de ce célèbre marchand avait apparemment racheté un grand nombre des œuvres d'art de son père. Mais, par suite des événements de la Révolution, il tomba dans la plus grande misère, et, en germinal an IX, il offrit de vendre au gouvernement quelques statues. Voici celles qui furent achetées par Chaptal sur la proposition de Lenoir, ainsi qu'il résulte d'une lettre de sa correspondance :

« Paris, 14 germinal an IX de la République.

» Le ministre de l'intérieur au citoyen Lenoir.

« J'ai reçu, citoyen, la lettre par laquelle vous annoncez que, parmi les statues que le citoyen Donjeux offre de céder au gouvernement, vous avez remarqué une figure de Neptune exécutée par Puget, une Flore assise, par Pigal, et une Diane chasseresse que vous croyez d'un sculpteur de l'école de Jean Goujon. L'évaluation que vous en faites me paraît modérée, et puisqu'elles sont dignes d'entrer dans le Musée des Monuments français, je vous autorise à proposer 1500 francs au citoyen Donjeux, etc. — Je vous salue. CHAPTAL. »

Dès l'an X, les trois statues furent exposées au Musée des Petits-Augustins : le Neptune sous le n° 313, avec cette indication nouvelle, « qu'elle ornoit autrefois une des pièces d'eau du château de Sceaux »; la Diane chasseresse, sous le n° 543, attribuée à Jean Goujon; la figure, de Pigalle, sous le n° 493, avec cette description supplémentaire : « Une statue en marbre blanc, représentant une Nymphe assise dans l'attitude de retirer une épine de son pied. »

2. Voyez, sur les curieuses vicissitudes subies par ce monument, la *Notice sur les Grands Carmes de Metz et sur leur célèbre autel*, par M. E. de Bouteiller. Metz, 1860, p. 38 à 44. Il a été gravé par les soins de Lenoir. C'est en 1807 qu'eut lieu le transport de l'autel des Carmes :

« Paris, le 9 juin 1807.

» Alexandre Lenoir, administrateur du Musée des Monuments français, à Son Excellence le ministre de l'intérieur.

» Monseigneur, vous m'avez chargé de me transporter à Metz pour y examiner deux monuments dans le style sarazin, improprement dit gothique, qui existent dans l'église des Grands Carmes et que S. M. l'Impératrice et Reine désire faire placer dans son parc à la Malmaison.

penchant d'une autre colline légèrement boisée, située près du château. Elle aurait été vue de la bibliothèque. Pendant le séjour du général Bonaparte en Egypte, je fis placer à la porte du château donnant sur le parc et en tête du pont-levis, deux obélisques de 14 pieds, en marbre rouge de Givet, ornés d'hiéroglyphes dorés, que je m'étais procurés du château de Richelieu où ils me furent vendus avec d'autres antiquités par M. Boutron, qui en est encore le propriétaire. C'est une surprise que Madame Bonaparte et moi avions l'intention de procurer au général à son retour en Fr. ace [1]. Le château de la Malmaison n'éprouva aucun change nent dans sa construction; l'intérieur, seul, fut restauré. La façade extérieure donnant sur la cour fut décorée d'une suite de statues en marbre, d'après l'antique venant de la destruction du parc de Marly, vendu, ainsi que le château, à un nommé Audrianne. J'ornai le péristyle et l'antichambre de bustes en marbre et en bronze...[2]. »

Voici maintenant les objets d'art qui ont été récemment réintégrés dans les magasins de l'Etat :

Diane chasseresse, dite *Diane à la Biche*, statue en bronze d'après l'antique. Le bronze est signé : B. P. 1602. Il provenait originairement de Fontainebleau. Voir le P. Dan, *Trésor des Merveilles de Fontainebleau*. Liv. II, p. 174. Cette statue, exécutée par Barthélemy Prieur et groupée avec les quatre chiens possédés déjà par le Louvre (n°° 161 à 162ter du *Catalogue de la sculpture moderne*), décorait la fontaine dite de Diane commandée par Henri IV [3].

Apollon du Belvédère, copie en bronze signée : « G. LOVIS VALADIER, Rome, 1780. » — Haut. 2m24.

« Monseigneur, il résulte de cet examen que ce monument peut très-bien se démonter et se transporter malgré les difficultés qu'il présente à cause de son extrême délicatesse ; mais il m'est impossible de vous présenter, Monseigneur, un résultat exact de la dépense..... La chapelle principale, qui est celle que désire Sa Majesté l'impératrice et reine, servait de fond à l'église et de dossier au maître-autel. »

Toutes les caisses étaient arrivées à la Malmaison le 23 septembre 1807.

1. Cette allégation de Lenoir est absolument inexacte. Les deux obélisques, qui existent encore et sont restés devant le château de la Malmaison, n'ont été apportés de Richelieu qu'en 1806, comme en fait foi la lettre du même Lenoir publiée ci-dessus. Cette prétendue surprise n'est qu'une invention romanesque imaginée après coup par Lenoir.

2. L'article est signé : Cher Alexandre Lenoir.

3. Voyez un article du journal *le Français* du 5 février 1877.

Les deux Centaures de la villa Adriana (Clarac, texte. Tome IV, pl. n° 1780 et 1781), copies en bronze de 1^m40 de hauteur.

L'Amour, statue de marbre blanc, par Tassaërt, avec son piédestal, venant d'un dépôt créé temporairement par la Révolution à Sceaux et peut-être, originairement, de Choisy-le-Roi. Sur Jean-Pierre-Antoine Tassaërt, voir Ed. Fétis, *les Artistes belges à l'étranger*, tome II, p. 1 à 20.

Flore, statue de marbre blanc, signée : « FREMIN AN 1709, venant de Marly. » Citée comme une des meilleures figures de René Frémin, dont les œuvres en France sont très-rares (D'Argenville, *Vie des fameux Sculpteurs*, p. 233), et *Mémoires inedits sur la vie et les ouvrages des Académiciens*, t. II, p. 201 à 209.

Diane, statue de marbre blanc, signée ainsi : « FAIT PAR ANSELM FLAMEN, NATIF DE SAINT-OMER, 1714, » venant de Marly (Piganiol, *Nouvelle description des châteaux et parcs de Versail'* marly, 8° édition, tome II, p. 291).

L'Air, statue de marbre blanc, ainsi signée : « BERTRAND F. AN 1709, » venant de Marly. Philippe Bertrand, né à Paris vers 1661, mort dans la même ville le 30 janvier 1724, fut reçu académicien le 26 novembre 1701.

Pomone, statue en marbre blanc, non signée ; mais Piganiol (*Nouvelle description des châteaux et parcs de Versailles et Marly*, 8° édition, tome II, p. 285) nous apprend que cette figure est de Barrois. François Barrois, sculpteur de la maîtrise, né à Paris en 1659, mort dans la même ville le 10 octobre 1726, fut reçu académicien le 30 octobre 1700.

Deux colonnes rostrales en marbre de couleur, hautes de 3^m50 environ. Venant du château de Richelieu en Poitou.

Fragment d'une colonne de granit antique provenant de la fontaine de la Malmaison et auparavant de Metz.

Vase de porphyre en forme d'amphore, surmonté de deux anses, d'une hauteur de 0^m91. Venant de la même fontaine.

Neuf vases de marbre blanc, de style Louis XIV, dont un très-grand et très-beau.

Deux piédestaux en bleu turquin.

Imprimerie Gouverneur, G. Daupeley à Nogent-le-Rotrou.

RED. :

19

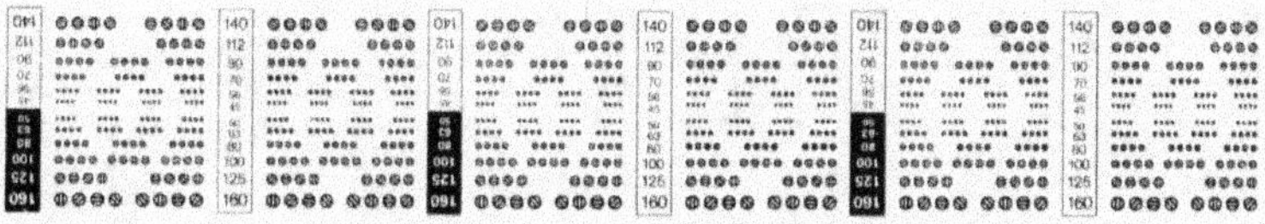

MIRE ISO N° 1
NF Z 43-007
AFNOR
Cedex 7 - 92080 PARIS-LA-DÉFENSE

graphicom